火を消す
ひ け

ホタルが光る
ひか

瞬間接着剤
しゅん かん せっ ちゃく ざい

植物を育てる
しょくぶつ そだ

入浴剤の泡
にゅうよくざい あわ

光合成
こうごうせい

炭が燃える
すみ も

楽しい調べ学習シリーズ

化学変化のひみつ

身近なふしぎが原子でわかる

[監修] 小森栄治

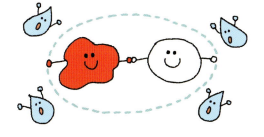

PHP

はじめに

あなたの身のまわりにあるものすべてが、原子でできています。空気も水も食べ物も、そしてあなた自身も原子が集まってできています。

原子はとても小さな粒で、現在知られている原子の種類は110種類以上あります。その原子が組み合わさって分子ができたり、さまざまな種類の物質ができたりしているのです。

原子の結びつきの組みかえが起こる変化が化学変化です。物が燃えるのも化学変化、あなたが食べた肉が胃や腸で消化されるのも化学変化です。今着ている服にも、化学変化を利用してつくられた化学繊維が使われているでしょう。

原子や分子の変化を勉強すると、化学変化がブロックの組みかえのように見えてくるはずです。新しい物質をつくるためにブロックの組みかえを研究するのが、化学者の仕事の一つです。

この本が書かれているちょうどそのときに、森田浩介氏を中心とした理化学研究所のチームが新しい原子※をつくったことが認められ、名前をつける権利を得ました。113番目の原子で、ニホニウムという名前になる予定です。ニホニウムは自然界には存在しない原子です。原子どうしを高速で衝突させ人工的につくりました。衝突させる実験を400兆回も行って3回できたそうです。

周期表に110以上の原子がのっていますが、欧米以外で発見されたりつくられたりして名前がついたのは、これがはじめてのことです。日本の科学技術の高さ、研究者の努力の表れといえます。

この本を読んで、原子や分子、化学変化に関心をもってくれたら、さらに化学変化に関わる仕事につこうと思ってくれたら、とてもうれしいです。

では、化学変化の世界にLet's Go!

小森　栄治

※種類がちがうそれぞれの原子を「元素」といいますが、この用語は中学理科ではまだ使用しないため本書でも使用していません。

この本の特徴と使い方

第1章

1章では、化学変化を知る上で必要な原子や分子についての知識や記号、式などをしょうかいしています。

第2章

2章では、「生活の中の化学変化」「社会で使われる化学変化」「大自然で起こる化学変化」の3つに分けて、身のまわりにある化学変化をしょうかいしています。

生活の中の化学変化

社会で使われる化学変化

大自然で起こる化学変化

もくじ

はじめに 2
この本の特徴と使い方 3

第1章 化学変化を起こす原子や分子について知ろう

原子と分子 8
周期表 10
化学式を知ろう 12
3大物質を知ろう 14
化学変化ってなんだろう 16
化学反応式をつくってみよう 18
コラム 化学変化と物理変化 20

身のまわりにある化学変化を調べてみよう

生活の中の化学変化

さびる	22
燃える	24
熱を出す	26
熱を取る	28
よごれを取る	30
くっつける	32
火を消す	34
ふくらませる	36
体内で起こる	38
電気をつくる	40

社会で使われる化学変化

- 染める ·· 42
- 金属を取り出す ························· 44
- 曲げる ·· 46
- 写す ·· 48
- 発酵する ···································· 50
- 植物を育てる ···························· 52
- 繊維をつくる ···························· 54

大自然で起こる化学変化

- 原子の循環 ································ 56
- とける ·· 58
- 生き物が光る ···························· 60

さくいん ·· 62

第1章

化学変化を起こす原子や分子について知ろう

原子と分子

　すべての物質は、目に見えない極めて小さい粒子がたくさん集まってできています。1803年、イギリスの学者ドルトンは、物質はそれ以上分けることができない粒子からできていて、粒子の種類によって質量と性質がことなるという考えを発表しました。その粒子を「原子」（アトム）とよんでいます。アトムとはギリシャ語で「分割できないもの」という意味です。

　すべての物質をつくる元になっているのが、原子です。現在知られている原子の種類は110種類以上あります。原子は質量や大きさがとても小さく、原子の大きさとテニスボールの大きさの比は、テニスボールと地球の大きさの比と同じだといわれています。

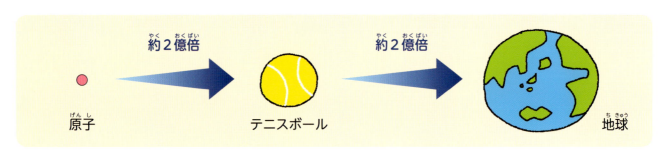

　また、原子には、次のような性質があります。

原子の性質

1. 原子は、化学変化でそれ以上分けることができない。
2. 原子は化学変化で新しくできたり、種類が変わったり、なくなったりしない。
3. 原子は、種類によって、その質量や大きさが決まっている。

分子

すべての物質は原子からできていますが、原子は1個ずつばらばらに存在しているのではなく、いくつかの原子が結びついてできた一つの粒子になって存在していることがあります。この粒子を「分子」といいます。分子には、同じ種類の原子が結びついているものや、ことなる種類の原子が結びついているものなど、いろいろな種類があり、その組み合わせによって物質の性質が変わります。原子はそれぞれ、結びつく原子の数が決まっており、それらがすべて結びついて、安定した分子になろうとします。

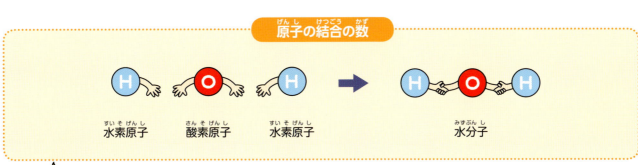

原子の結合の数

水素原子　酸素原子　水素原子　→　水分子

それぞれの原子には、決まった数の手があるとイメージしてみよう。全部の手がつながるように、原子どうしが結びつくよ。

物質の中には、分子をつくらないものもあります。銀や銅などの金属や、炭素など1種類の原子がたくさん集まってできる物質です。また、塩化ナトリウムはナトリウム原子と塩素原子が交互に規則的に並んでいて、分子をつくっていません。

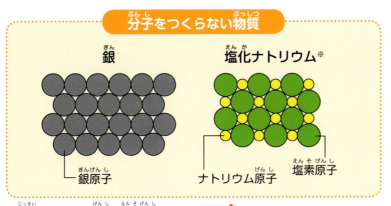

分子をつくらない物質

銀　　塩化ナトリウム※

銀原子　　ナトリウム原子　塩素原子

※ 実際はナトリウム原子と塩素原子はイオン 15ページ になっています。

1種類の原子からできている物質を単体、2種類以上の原子からできている物質を化合物というよ。

第1章　化学変化を起こす原子や分子について知ろう

現在、110種類以上の原子が知られていますが、下の表のように原子の構造に基づいてつけられた原子番号の順番に並べると、縦の列に化学的な性質のよくにた原子が並ぶように配置されます。この表を「周期表」といいます。

周期表を考えたメンデレーエフ

周期表は、まだ原子が約60種類しか知られていなかった1869年にロシアのメンデレーエフが、性質がにた原子が同じ列にくるように配列したものです。彼はこの表を基にまだ発見されていない原子の性質を予想し、それは後に正しいことが証明されました。

113番目の原子　113番、115番、117番、118番の原子は、存在が認められ正式名がつけられる予定です※。113番の原子は2015年に日本の理化学研究所が命名権をあたえられました。命名権をあたえられるのは欧米以外ではじめてのことで、ニホニウムという名前がつけられました。

大きく金属原子と非金属原子に分けられているね。

※ 113番、115番、117番、118番の名前、記号は2016年11月時点では正式に決まっていません。

第1章　化学変化を起こす原子や分子について知ろう

化学式を知ろう

　物質を原子の記号で表したものを、「化学式」といいます。身のまわりのすべての物質は原子の組み合わせでできていて　9ページ▶　、なかにはとても複雑な構造をした分子もあります。化学式は、物質がどんな原子がいくつ組み合わさってできているかを表しています。

分子

　分子を表す化学式を見てみましょう。どの原子が何個ついているかを原子の記号と数字で表しています。たとえば、水分子は下のように、酸素原子1個と水素原子2個でできています。

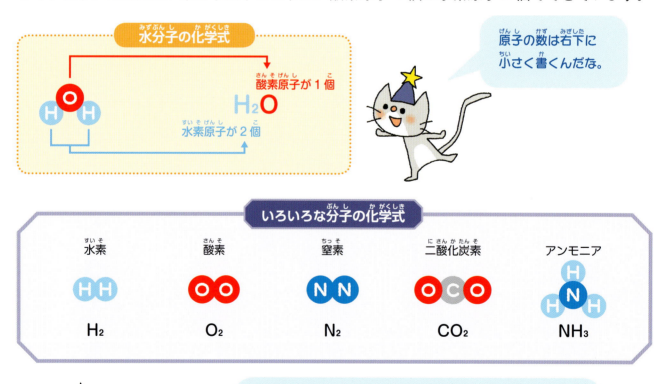

水分子の化学式

H_2O
酸素原子が1個
水素原子が2個

原子の数は右下に小さく書くんだな。

いろいろな分子の化学式

水素	酸素	窒素	二酸化炭素	アンモニア
H_2	O_2	N_2	CO_2	NH_3

水素や酸素は原子の名前と同じだね。
区別するときは、「水素原子」「水素分子」というとよいよ。
二酸化炭素は2個の酸素と1個の炭素でできているよ。
分子の名前からも何の原子からできているか予想できるものが多いね。

金属や炭素、硫黄

分子をつくらず1種類の原子が集まってできている金属や炭素などの物質 9ページ は、代表として原子の記号一つで表します。

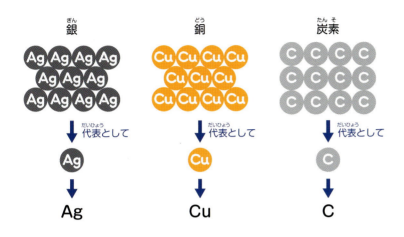

ほかにも、鉄はFe、ナトリウムはNa、マグネシウムはMg、硫黄はSと表すよ。

分子をつくらない化合物

2種類以上の原子が分子をつくらず規則正しく並んでいる化合物 9ページ は、原子の割合で表します。塩化ナトリウムは1対1の割合でできているので、NaClと表します。

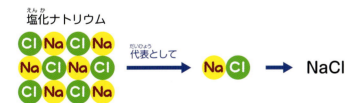

これらの物質は金属原子と非金属原子でできているわ。化学式は金属原子から書くから、日本語の名前と順番が逆になっているわね。

分子をつくらない化合物の化学式

硫化鉄	→	FeS
酸化銅	→	CuO
酸化マグネシウム	→	MgO
酸化銀	→	Ag_2O

第1章 化学変化を起こす原子や分子について知ろう

3大物質を知ろう

　物質は大きく3つに分けられます。「分子性物質」「金属」「イオン性物質」です。これらの物質は何の原子でできているかによって分かれます。また、原子どうしの結びつき方もことなります。

 ## 分子性物質

　分子からできている物質は、非金属（金属でない）の原子どうしが結びついています。原子は種類によって、結びつく原子の数が決まっています　9ページ　。原子は、この決まった数だけ、ほかの原子と結びついていないと不安定になるので、ほかの原子を見つけて結びつこうとします。
　分子性物質には、水素や酸素などの気体、エタノールなどの液体、砂糖などの固体があります。固体のものは熱するととけて液体になりやすい性質をもっています。

原子は非金属より金属のほうが多いね。分子性物質になる原子の組み合わせは限られているよ。

周期表　　　金属　非金属

	1	2	3	4	5	6	7	8	9	10	11	12	13	14	15	16	17	18
1	H																	He
2	Li	Be											B	C	N	O	F	Ne
3	Na	Mg											Al	Si	P	S	Cl	Ar
4	K	Ca	Sc	Ti	V	Cr	Mn	Fe	Co	Ni	Cu	Zn	Ga	Ge	As	Se	Br	Kr
5	Rb	Sr	Y	Zr	Nb	Mo	Tc	Ru	Rh	Pd	Ag	Cd	In	Sn	Sb	Te	I	Xe
6	Cs	Ba	ランタノイド系	Hf	Ta	W	Re	Os	Ir	Pt	Au	Hg	Tl	Pb	Bi	Po	At	Rn
7	Fr	Ra	アクチノイド系	Rf	Db	Sg	Bh	Hs	Mt	Ds	Rg	Cn	Nh	Fl	Mc	Lv	Ts	Og

ランタノイド	La	Ce	Pr	Nd	Pm	Sm	Eu	Gd	Tb	Dy	Ho	Er	Tm	Yb	Lu
アクチノイド	Ac	Th	Pa	U	Np	Pu	Am	Cm	Bk	Cf	Es	Fm	Md	No	Lr

金属

　110種類以上もある原子のうち、約8割をしめているのが金属の原子です。金属の原子が集まってできている物質が金属です。金属という物質は、以下の3つの特徴をもっています。

> ❶ 金属光沢（金色や銀色などの独特のつや）をもつ
> ❷ 電気や熱をよく伝える
> ❸ たたくと広がり引っ張るとのびる

　何かわからない物質も、この3つの特徴を調べると、金属かどうかがわかります。

イオン性物質

　イオン性物質は、金属の原子と非金属の原子が結びついてできる物質です。すべて固体の状態で、熱してもすぐにはとけません。
　原子は中心に核をもち、そのまわりにマイナスの電子をもつという構造をしています。電子の数は原子の種類によってことなります。
　イオン性物質である塩化ナトリウムは、塩素原子とナトリウム原子の結合でできています。塩素原子は電子を一つもらいたがる性質をもち、ナトリウム原子は電子を一つあげたがる性質をもっています。ナトリウム原子は電子をわたすと、プラスのイオンになり、塩素原子は電子をもらうとマイナスのイオンになるので、電気の力で引き合って結びつくのです。

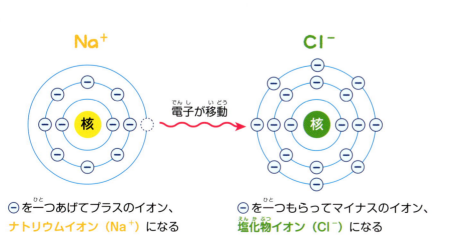

⊖を一つあげてプラスのイオン、ナトリウムイオン（Na⁺）になる

⊖を一つもらってマイナスのイオン、塩化物イオン（Cl⁻）になる

プラスとマイナスのイオンが引き合って結びつくよ。

化学変化ってなんだろう

物質が加熱されたり、ほかの物質と反応したりして、はじめにあった物質がなくなり、新しい別の物質ができる変化のことを、「化学変化」といいます。

固体が液体になったり、液体が気体になったりするのは、状態が変化しただけで、物質の種類は変化していないので、化学変化ではありません 20ページ 。

分解

1種類の物質が2種類以上の別の物質に分かれる化学変化を、「分解」といいます。分解には、加熱による熱分解や電流による電気分解があります。

分解　物質A ➡ 物質B ＋ 物質C ＋ ……

たとえば、重そう（炭酸水素ナトリウム）を使ってつくるホットケーキは、生地をフライパンで熱するとふくらみます。重そうが熱せられて分解すると、二酸化炭素が発生します。二酸化炭素が生地にとじこめられて、ふくらむというしくみです。

炭酸水素ナトリウム　—熱→　炭酸ナトリウム ＋ 水 ＋ 二酸化炭素

元の炭酸水素ナトリウムはなくなって、別の物質が3つできたね。

炭酸ナトリウムと水と二酸化炭素を冷やしても、炭酸水素ナトリウムにはもどらないよ。

化合

2種類以上の物質が結びついて新しい物質ができる化学変化を「化合」といい、化合によってできる物質が「化合物」です。化合の中でも、酸素と化合する変化を「酸化」といいます。酸化した物質が「酸化物」です。

ロウや木が燃えるときのように、物質が光や熱を出しながら激しく酸化することを「燃焼」といいます。また、酸化とは逆に、物質から酸素をうばうことを「還元」といいます。

台所のガスコンロで炎をあげてガスが燃えているのも燃焼です。ガスコンロで使うガスの種類は地域によってことなりますが、その一つがメタンです。メタンを燃焼させると、二酸化炭素と水が発生しますが、どちらも気体なので、目には見えません。

身のまわりでは、たくさん化学変化が起こっているんだね。

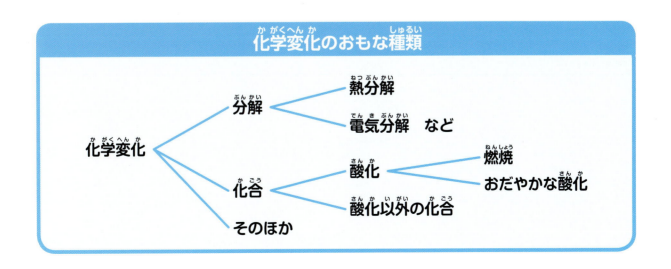

化学変化のおもな種類

化学反応式をつくってみよう

化学式を使って化学変化を表した式を、「化学反応式」といいます。化学変化前の物質を→（矢印）の左に、化学変化後の物質を矢印の右に書きます※。

※ 実際の化学変化は、いくつもの物質が関わり合って、複雑な変化をしています。本書であつかう化学変化には、途中の化学反応式を省略したり、代表的な化学反応式を示したりしているものがあります。

化学反応式

化学反応式は、化学変化前の物質→化学変化後の物質のように、何から何ができたかを書きます。炭が燃えるときの化学変化を例に化学反応式の書き方を見てみましょう。炭が燃えるとは、炭素が酸素と結びついて酸化され、二酸化炭素が発生する変化です。化学変化前の炭素と酸素を矢印の左に、化学変化後の二酸化炭素を矢印の右に書きます。

炭素　　　　酸素　　　　　二酸化炭素

$$C + O_2 \rightarrow CO_2$$

分子のモデルで考えると、どんな変化が起こったかイメージしやすくなるわ。

$C + O_2 \rightarrow CO_2$

質量保存の法則

　化学反応式を書く上で、気をつけなければならないことが、化学変化前と化学変化後の原子の数です。化学変化の前後で、必ず原子の種類ごとの数が合っていなければなりません。たとえば、水の電気分解を化学反応式で表すと、分子を一つずつ書くだけでは化学変化前と化学変化後の酸素原子の数が合わないので、酸素原子の数が合うように、分子の数を調節しなければなりません。

　化学変化の前後で、原子が消えてしまったり、なかった原子が現れたりすることはありません。ですから、その変化に関係している物質全体の質量は変わりません。これを、「質量保存の法則」といいます。

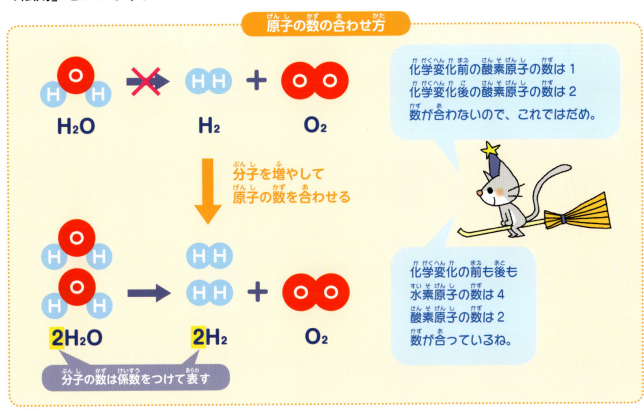

原子の数の合わせ方

化学変化前の酸素原子の数は1
化学変化後の酸素原子の数は2
数が合わないので、これではだめ。

分子を増やして原子の数を合わせる

化学変化の前も後も
水素原子の数は4
酸素原子の数は2
数が合っているね。

分子の数は係数をつけて表す

化学反応式は
❶ 化学変化前と化学変化後の物質を確認
❷ 物質を化学式にして→の左右に書く
❸ 原子の数を確認して数を合わせる
で書けるね。

第1章　化学変化を起こす原子や分子について知ろう　19

コラム

化学変化と物理変化

　物質には、温度によって固体、液体、気体の3つの状態があります。これは、分子性物質、金属、イオン性物質のどの場合でも同じです。たとえば、分子性物質で考えると、分子どうしはたがいに引き合いながらも、分子運動とよばれる運動をしています。分子運動は温度が高いほど活発になります。固体のときは、ほぼ同じ位置でぶるぶるふるえている状態ですが、温度が高くなると、それぞれの分子が引き合いながら自由に動き回ります。これが液体の状態です。さらに温度が高くなると、分子が1個1個ばらばらに飛び回ります。これが気体の状態です。このように変化することを、物質の「状態変化」といいます。状態変化では、物質そのものは変わりません。状態変化や物質が水にとけるような変化を「物理変化」といいます。

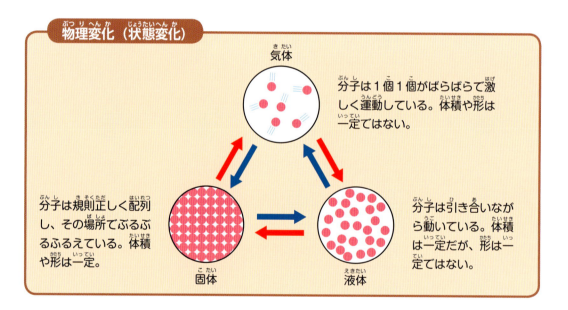

物理変化（状態変化）

気体：分子は1個1個がばらばらで激しく運動している。体積や形は一定ではない。

固体：分子は規則正しく配列し、その場所でぶるぶるふるえている。体積や形は一定。

液体：分子は引き合いながら動いている。体積は一定だが、形は一定ではない。

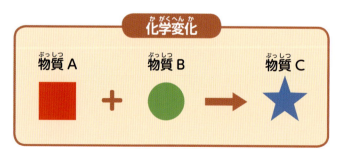

化学変化

物質A ＋ 物質B → 物質C

物質の種類が変わるかどうかが、物理変化と化学変化のちがいなんだね。

第2章

身のまわりにある化学変化を調べてみよう

生活の中の化学変化

化学変化は生活のさまざまな場所で起きています。目で見てわかる変化以外に、ふだんは気づかない、意外な場所で起きている変化もあります。身のまわりで起きている化学変化を見ていきましょう。

さびる

鉄でできたくぎをぬれたままにしておくと、表面が赤茶色になってザラザラになります。これは鉄がさびたためです。表面の赤茶色のザラザラになった物質を「さび」といいます。さびは鉄などの金属が空気中の酸素とゆっくりと結びつく、酸化によって発生した酸化物です。酸化は物質が酸素と結びつく化学変化で、化合の一つです 17ページ 。

十円玉のさび

十円玉は銅でできています。酸化する前の十円玉は、金属の性質である①金属光沢をもつ、②電気や熱をよく伝える、③たたくと広がり引っ張るとのびる 15ページ という性質をもっています※。しかし、酸化した十円玉の表面は黒くなり、光沢がなくなっています。表面の銅が酸化によって別の物質になったことを表しています。※実際に十円玉をたたいたりのばしたりすることは禁止されています。

金属は酸化すると、金属ではない物質になるから、光沢がなく、もろくなるんだね。

化学反応式

銅の酸化

銅　　　　酸素　　　　酸化銅
2Cu　+　O$_2$　→　2CuO

さびを防ぐくふう

金属がさびるのを防ぐには、金属が酸素とふれ合わないようにします。そのため、金属製品は、表面に塗装をしたり、さびにくい金属で表面をおおったりして、酸素とふれ合わないようにくふうしてあります。

さびを防ぐさび

一円玉は、アルミニウムという金属でできています。アルミニウムも銅と同じように酸化が起きますが、十円玉のように黒くなることはありません。アルミニウムの酸化物は酸化アルミニウムといって、透明で、原子どうしの結びつきがとても強い物質です。酸化アルミニウムが表面に膜をつくり、中のアルミニウムにまで酸素が届かないので、内側は酸化されないのです。

酸化アルミニウムはルビーやサファイアの主成分でもあるぞ。

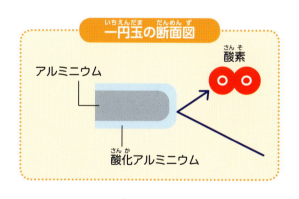

一円玉の断面図

さびない鉄

さびやすい金属の鉄も、クロムやニッケルという金属を混ぜると、さびにくい金属になります。鉄より先にクロムやニッケルが酸化して表面に膜をつくり、鉄が酸素とふれ合わないためです。英語の「stainless（さびない）」から、ステンレススチールという名前がついていて、ステンレスとよばれています。スプーンやフォークに使われています。混ぜるクロムやニッケルの割合によって、磁石につくものとつかないものがあります。

第2章 身のまわりにある化学変化を調べてみよう

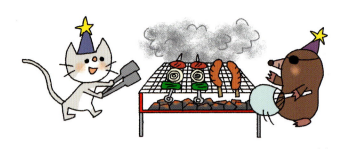

台所のコンロで火をつけたときにガスが炎を出して燃えることや、キャンプファイヤーで木材が燃えるのは、「燃焼」という化学変化です。燃焼とは、酸化 →17ページ の一つで、物が熱と光を出しながら酸素と激しく反応することをいいます。燃焼には3つの条件があり、そのどれか一つでも満たされないとき、物は燃焼しません。

① 燃える物があること　② 酸素があること　③ 温度が高いこと

炭の燃焼

黒い炭を燃やすと、最後にはほんの少しの灰しか残りません。炭の主成分である炭素は酸素と反応して、二酸化炭素になります。二酸化炭素は気体のため空気中に出ていき、目に見えなくなります。炭の中に少しふくまれていたカルシウムやカリウム、マグネシウムなどのミネラルが、酸化物として灰になって残るのです。

炭の燃焼

$$C + O_2 \rightarrow CO_2$$

炭素　　酸素　　二酸化炭素

ダイヤモンドも炭素でできているのよ。800度ほどで燃えて二酸化炭素になるので、目に見えなくなってしまうわ。

不完全燃焼

炭素が酸化するときに酸素の量が少ない場合、一酸化炭素ができることがあります。これを「不完全燃焼」といいます。一酸化炭素は有害な物質なので、室内などの閉じられた空間でガスコンロや石油ストーブを使うときには、空気中の酸素が少なくならないよう、こまめに換気をしなければいけません。

化学反応式

不完全燃焼

炭素　　　　酸素　　　　一酸化炭素

$$2C + O_2 \rightarrow 2CO$$

花火の色

金属やその化合物には、炎に入れると色を出すものがあります。これは、金属が、熱せられて得たエネルギーを放出することで起こります。その色は金属の種類によって決まっていて、この現象を「炎色反応」といいます。炎色反応は花火に利用されていて、花火の中の材料に金属を混ぜることによって、色あざやかな光を出します。

★ 金属の種類と光の色 ★

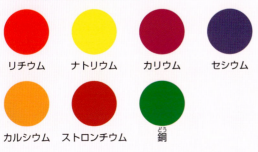

リチウム　ナトリウム　カリウム　セシウム
カルシウム　ストロンチウム　銅

花火玉の中に金属成分が入った火薬を入れておくと、火薬に火がついたときにあざやかな色の光が放たれるよ。

第2章　身のまわりにある化学変化を調べてみよう

熱を出す

化学変化が起きるとき、同時に熱が発生する反応を「発熱反応」といいます。これは、化学変化前の物質がもっているエネルギーより、化学変化後の物質がもつエネルギーが小さいため、その差であるエネルギーが熱になって放出される現象です。化学変化の副産物として起こる発熱が、生活に役立っています。

使い捨てカイロ

使い捨てカイロは、外ぶくろを開けると温かくなります。カイロの主成分は鉄粉で、鉄が空気中の酸素と結びつき、酸化鉄になるときに熱が出ることを利用しています。鉄と酸素が反応するのをうながすため、活性炭などにしみこませた食塩水が入っています。鉄粉がすべて酸化鉄になると、それ以上化学変化が起こらなくなるので、熱が出なくなります。

化学反応式　鉄の酸化による発熱

鉄　　　　酸素　　　　熱　　　酸化鉄
$$4Fe + 3O_2 \rightarrow 2Fe_2O_3$$

カイロのしくみ※

- **外ぶくろ**　ふくろを開ける前に鉄と酸素が反応しないよう、空気を通さない素材でできている。
- **内ぶくろ**　通気性のある不織布でできている。鉄が外に出ず、空気は通すつくりになっている。
- **鉄粉**　かたまりの鉄より、粉にすることで酸素にふれる表面積が大きくなり、熱を発しやすくなっている。
- **活性炭**　食塩水をしみこませていて、化学変化をうながしている。

※商品として販売されているカイロには、いろいろなしくみのものがあります。

駅弁

　駅で買うお弁当やレトルト食品などで、容器から出ているひもを引っ張ると容器が熱くなり、中に入っている食べ物が温かくなるものがあります。これは、酸化カルシウムと水が反応して水酸化カルシウムになるときに発生する熱を利用しています。酸化カルシウムと水を別々に入れておいて、ひもを引っ張ると仕切りが取り除かれて反応し、熱が出るというしくみです。

化学反応式 酸化カルシウムと水の発熱
酸化カルシウム CaO ＋ 水 H_2O → 熱 水酸化カルシウム $Ca(OH)_2$

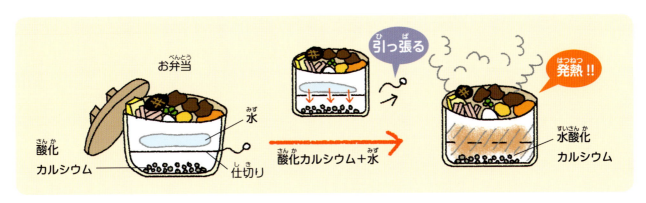

　酸化カルシウムは、お菓子などの乾燥剤としても使うことがあります。水と反応して発熱するので、乾燥剤を水に直接ふれさせると、やけどの原因になります。

乾燥剤に使われるのは酸化カルシウムだけではないけれど、口に入れないように気をつけましょうね。

第2章　身のまわりにある化学変化を調べてみよう

熱を取る

　化学変化が起こるときに、熱を吸収する反応を「吸熱反応」といいます。これは発熱反応（26ページ）の反対で、エネルギーの小さい物質からエネルギーの大きい物質に変化するときに、その差であるエネルギーを外からもってくることで起こる現象です。

簡易冷却パック

　夏の暑さ対策で、家でもできる簡易冷却装置があります。掃除などに使われる重そう（炭酸水素ナトリウム）とクエン酸をポリぶくろに入れ、水を加えてふくろをふると、炭酸水素ナトリウムとクエン酸が反応して、吸熱反応が起こります。

化学反応式　重そうとクエン酸の吸熱

$$NaHCO_3 + H_3C_6H_5O_7 \xrightarrow{熱} NaH_2C_6H_5O_7 + CO_2 + H_2O$$

炭酸水素ナトリウム ＋ クエン酸 → クエン酸ナトリウム ＋ 二酸化炭素 ＋ 水

※ポリぶくろに入れる水は炭酸水素ナトリウムとクエン酸を反応させるためのものなので、化学反応式には入れません。

　簡易冷却パックとして売られている商品の中には、ふくろをたたくと急激に冷たくなるものがあります。中には硝酸アンモニウムの粉末と水が入っています。粉末の入った外ぶくろの中に水の入った内ぶくろが入っていて、たたくと内ぶくろが破れ、粉末が水にとけるというしくみです。これは化学変化ではありませんが、硝酸アンモニウムが水にとけるときに熱を吸収することを利用しています。

化学エネルギー

　もともと物質がもっているエネルギーを「化学エネルギー」といいます。化学変化が起こる前の物質がもっている化学エネルギーと、化学変化後の物質がもっている化学エネルギーの差が、発熱反応または吸熱反応で出入りする熱になります。

　炭を燃やすと、発熱して温かくなります。このとき、炭素が酸素と反応して二酸化炭素になる化学変化が起こっています。

　化学エネルギーは、下のような図で表すことができます。炭素と酸素のエネルギーの和が、二酸化炭素のエネルギーよりも高くなっています。このエネルギーの差が熱として出ていたので、発熱したのです。

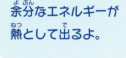
余分なエネルギーが熱として出るよ。

★ $C + O_2 \rightarrow CO_2$ のエネルギーの変化 ★

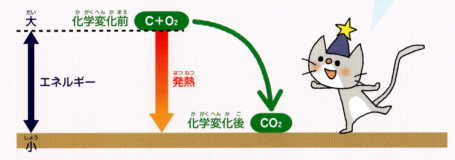

　簡易冷却パックの場合には、化学変化前の化学エネルギーの和が、化学変化後の化学エネルギーの和より低くなっています。このときは、まわりにあるエネルギーを取りこまなければならないので、吸熱されるのです。

まわりの熱エネルギーを取りこんで、化学変化が起きているよ。

★ 簡易冷却パックのエネルギーの変化※ ★

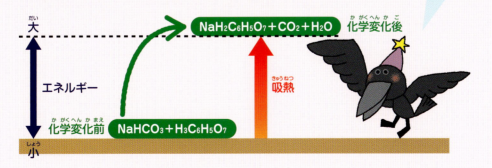

※簡易冷却パックの変化では、途中で発熱反応も起こりますが、反応全体を見ると吸熱反応になります。

よごれを取る

よごれを取る洗剤も、化学の力を使っています。家庭用の洗剤には、目的や使う場所によってたくさんの種類があります。よごれの成分に合った洗剤を使わなければいけません。

油よごれを取る

衣服や食器のよごれを落としたり、体を洗ったりする洗剤は、界面活性剤という成分をふくんでいます。衣服や食器には、油をふくむよごれがついています。しかし、油は水と混ざりにくいので、水に入れてもとけ出してきません。界面活性剤の分子は、水にとける性質の部分（親水基）と、油のように水にとけない性質の部分（疎水基）を、両方もっています。

洗剤を水に入れると、親水基は水に入りますが、疎水基は水の中にいるのをいやがります。そこで、水の中に油よごれがあると疎水基は油よごれにくっつきます。洗剤が油よごれを囲んで、油よごれごと衣服や食器からはなれるため、よごれが取れるというしくみです。

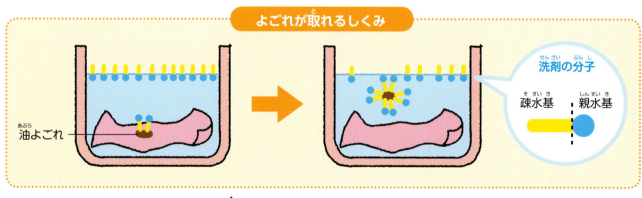

よごれが取れるしくみ

水と仲がよい部分と、油と仲がよい部分の両方あるから、うまくよごれが取れるんだね。

混ぜるな危険

家庭用漂白剤やトイレ用洗剤など、商品の包そうに「混ぜるな危険」と書かれたものがあります。たとえば、家庭用の塩素系漂白剤にトイレ用の酸性洗剤を混ぜると、塩素ガスが発生し、とても危険です。塩素ガスは猛毒のガスです。塩素ガスを台所や風呂場のようなせまい密閉空間で吸い続けると、命に関わる事故になります。

家庭用の塩素系漂白剤の多くは次亜塩素酸ナトリウムをふくんでいて、次亜塩素酸ナトリウムに塩酸などの酸を加えることで化学変化が起こり、塩素ガスが発生します。家庭内で漂白剤といっしょに使うような洗剤は、ほとんどが中性なので危険ではありません。しかし、トイレのよごれはアルカリ性で、酸性の洗剤が有効なため、トイレ用洗剤には塩酸がふくまれていることが多くあります。塩素系漂白剤と混ぜないよう、注意が必要です。

化学反応式　塩素が発生する危険な反応

次亜塩素酸ナトリウム　　塩酸　　　　塩化ナトリウム　　水　　　塩素

$$NaClO + 2HCl \rightarrow NaCl + H_2O + Cl_2$$

危険

家庭にあるものも、危険なことがあるのね。成分表示や使用上の注意を見て正しく使おうね。

塩素ガス発生

お酢も酸だから塩素系漂白剤に混ぜちゃだめだよ。

塩素系漂白剤　＋　トイレ用酸性洗剤

危険

第2章　身のまわりにある化学変化を調べてみよう

くっつける

　接着剤のしくみは貼り合わせる物体の種類によってさまざまですが、その中の一つが、物体の表面に入りこむものです。すべての物体の表面には、とても細かく見ると凹凸があります。接着剤を2つの物体の表面にぬって貼り合わせると、接着剤がその凹凸に入りこんで固まり、2つの物体を接着することができるのです。

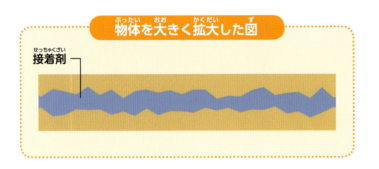

凹凸に入りこんで固まると、はなれなくなるんだね。

瞬間接着剤

　ふつうののりは、水にとけたデンプンやポリビニルアルコールが凹凸に入りこんだ後、水分が蒸発することによって固まりますが、瞬間接着剤の場合は、空気中の水分を取りこんで固まります。接着剤の容器中にあるときは単体で存在する多量の分子が、容器の外に出ると空気中の水分と反応して、分子どうしで次々につながります。何千個もの分子がつながり、大きな化合物になり（高分子化）固まります。単体のときはすき間に入りやすい液体のような状態で、変化が進むにつれて固まるので、接着剤としての役割を果たすのです。

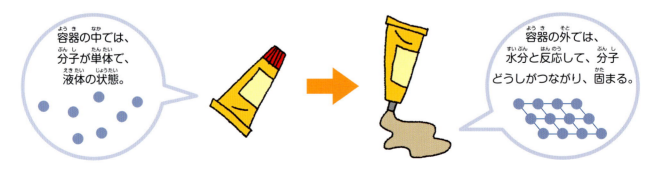

高分子

　高分子とは、基本となる1個の分子（モノマー）がいくつもつながり、大きなくさり状またはあみ目状の構造になることで、つながった化合物を高分子化合物（ポリマー）といいます。モノマーを1個のクリップと考えると、ポリマーはクリップを何百、何千とつなげたものです。つながる数が多くなるほど、つながりが強くなります。

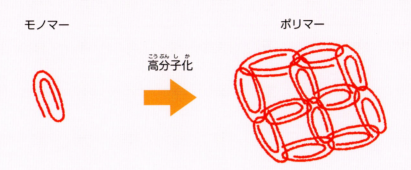

　瞬間接着剤の場合は、下の図の▭の部分が基本となっていて、ずっとくり返すようにつながっています。こうなることによって、つながりの強い物質になり、2つの物体を貼り合わせることができます。

$$HO-CH_2-\underset{\underset{CO_2R}{|}}{\overset{\overset{CN}{|}}{C}}-CH_2-\underset{\underset{CO_2R}{|}}{\overset{\overset{CN}{|}}{C}}-CH_2-\underset{\underset{CO_2R}{|}}{\overset{\overset{CN}{|}}{C}}-CH_2-\underset{\underset{CO_2R}{|}}{\overset{\overset{CN}{|}}{C}}-CH_2\cdots\cdots$$

つながるほど、強くなるんだね。

建物やダムなどに使われるコンクリートも、接着剤にに た原理で、水分と反応して固まるよ。

第2章　身のまわりにある化学変化を調べてみよう　33

火を消す

物が燃えるには以下の3つの要素が必要です 24ページ。

① 燃える物があること　② 酸素があること　③ 温度が高いこと

この要素を一つでもなくすことで、燃えている火を消すことができます。燃えている物によって、消火のために使う物質はことなります。

消火のために使う物質を消火剤といいます。消火剤の一つが水です。水は強い冷却作用があり、燃焼に必要な温度を下げるとともに、燃えているものを水でおおうことによって、まわりの酸素を近づけない効果があります。身近にあって入手しやすいことから、昔から利用されている消火剤です。

しかし、油に水をかけると、油と水は、水がふっとうして油を飛び散らせて反発するため、火を大きくしてしまう可能性があります。台所でてんぷら油に火がついたときに有効なのは、炭酸カリウムの消火剤です。炭酸カリウムがてんぷら油と反応して、油の表面が燃えないセッケンに変化することで、酸素が近づけなくなり、火を消すことができます。

てんぷら油をセッケンに変えるよ。
①燃える物があること
②酸素があること
という要素を減らすことができるね。

いろいろな消火剤

　消火剤には、さまざまな種類があります。炭酸水素ナトリウムと硫酸アルミニウムを反応させて、二酸化炭素をふくんだあわを放出するあわ消火剤は、燃えている物の温度を下げるとともに、まわりの酸素を火に近づけない効果があります。あわ消火剤は、電気火災には感電の危険があるため、使用できません。

　また、ガスの消火剤もあります。二酸化炭素をふきつけることで、酸素の濃度を下げることができます。ガスの消火剤の場合は、油火災や電気火災に効果がありますが、人が多量に吸いこむと危険なため、地下室などの密閉された空間では使用することができません。

火災は、普通火災、油火災、電気火災に分けられているよ。身近にある消火器は、全部の火災に使える粉末消火器が多いんだ。

江戸時代の消火

　木造の家ばかりだった江戸時代には、火事は被害がとても大きくなる、大変な災害でした。今のような消火技術もなかった当時の消火方法といえば、火災が広がらないように、風向きなどを見極めながら、まだ燃えていない家をこわすことでした。物が燃える要素の一つ、「燃える物があること」をなくして火が消えるのを待ったと考えられます。

物が燃える3要素のどれかをなくさないと、火はなかなか消えないんだね。

ふくらませる

　料理はさまざまな化学変化を利用しています。ホットケーキやまんじゅうやパンがふわふわしているのは、生地の間に気体がふくまれているためです。料理の過程で気体が発生する変化や、気体が膨張する変化が起こっているのです。気体を発生させる化学変化は生活のさまざまな場面で役に立っています。

ベーキングパウダー

　重そうが熱せられて分解し、二酸化炭素が発生することで、ホットケーキはふくらみます　**16ページ**　。しかし、このときの化学変化には、できる炭酸ナトリウムは食べると苦い、生地がふくらむために必要な二酸化炭素の量が少ない、という問題があります。このため、料理でふつう使われるのは、重そうに酸を混ぜて二酸化炭素の発生量や味を調整したベーキングパウダーです。

生活の中に取り入れやすいよう、化学変化を使ったくふうがされているんだね。

化学反応式

重そうでふくらませる場合

炭酸水素ナトリウム（重そう） → 炭酸ナトリウム（苦い） ＋ 水 ＋ 二酸化炭素（少ない）

$$2NaHCO_3 \rightarrow Na_2CO_3 + H_2O + CO_2$$

（2個いる）

ベーキングパウダーでふくらませる場合

炭酸水素ナトリウム ＋ 塩酸※（酸を入れる） → 塩化ナトリウム（塩ができる） ＋ 水 ＋ 二酸化炭素（多くなる）

$$NaHCO_3 + HCl \rightarrow NaCl + H_2O + CO_2$$

（1個でよい）

※酸の一例として塩酸を用いていますが、ベーキングパウダーに塩酸はふくまれません。酒石酸やフマル酸などが使われています。

いろいろなふくらませ方

　重そうを使うほかにも、お菓子やパンをふくらませる方法があります。たとえば、スポンジケーキは調理の過程で油分や砂糖、卵などをあわ立て、生地に小さな空気のあわをたくさん入れています。この生地を加熱することによって、生地にふくまれるたくさんの空気が膨張してふくらみます。

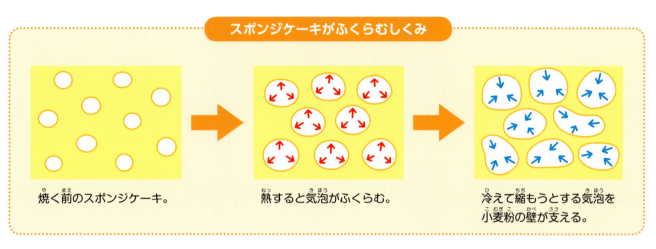

スポンジケーキがふくらむしくみ

焼く前のスポンジケーキ。　熱すると気泡がふくらむ。　冷えて縮もうとする気泡を小麦粉の壁が支える。

材料を混ぜてあわ立てるときに、上手に気泡をつくると、きれいにふくらむわ。

入浴剤

　重そうはお風呂に入れる入浴剤にも使われています。入浴剤の中でも、あわの出る入浴剤のあわはベーキングパウダーと同じ化学変化によるものです。このタイプの入浴剤には重そうとコハク酸やフマル酸などの酸がふくまれています。コハク酸やフマル酸は水にとかすと酸性を示すので、固体の状態では変化が起きず、浴槽に入れると二酸化炭素のあわが出てくるしくみになっています。

体内で起こる

　人間は食べ物を食べることによって、動くためのエネルギーをつくったり、体を形成したりします。これも、化学変化によって、食べ物が消化され、必要な成分に変化しているためです。人間の体の中では常に化学変化が起こっているのです。

消化

　食べ物が体の中で化学変化を起こす上で、なくてはならないのが消化酵素です。消化酵素は、大きな食べ物の分子を、小腸で吸収されるような小さな分子に分解する手助けをするものです。消化酵素は種類によって、手助けする化学変化が決まっています。それぞれの臓器で待ち構えていて、決まった物質を変化させます。

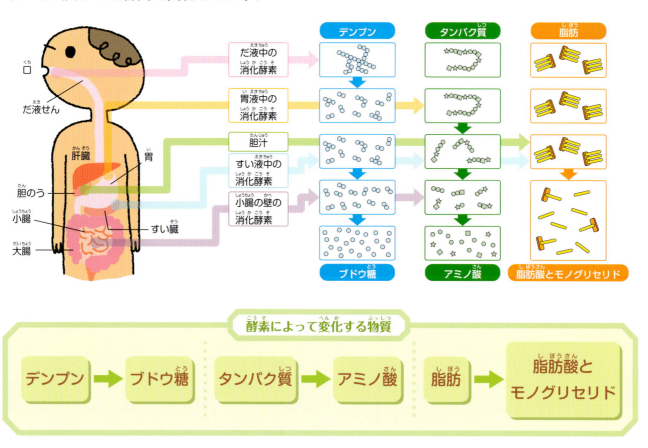

胃薬

　人間の胃では、毎日2～3リットルの胃液が分ぴつされています。胃液にふくまれる酵素が食べ物にふくまれるタンパク質を消化してくれます。胃液の成分はほとんどが水ですが、0.5パーセントの塩酸がふくまれているため、強い酸性です。この酸で細菌を殺しています。

　ふだん、胃の内部は胃液によって消化されないよう、表面を保護する粘膜で守られています。しかし、体調不良などによって保護作用が弱まったとき、胃液で胃の内部が消化されてしまうことがあります。このような状態のときに胃を正常にもどすのが胃薬です。胃薬の中には胃の内部を正常にもどす粘膜保護剤、低下した消化力を助ける消化剤、そして、塩酸を中和するアルカリ性の制酸剤などが入っています。制酸剤には水にとけるとアルカリ性を示す炭酸水素ナトリウムや炭酸マグネシウムが使われています。

化学反応式 — 胃薬による中和

塩酸（胃液）【酸性】 ＋ 炭酸マグネシウム【アルカリ性】 → 塩化マグネシウム ＋ 水 ＋ 二酸化炭素

$$2HCl + MgCO_3 \rightarrow MgCl_2 + H_2O + CO_2$$

胃酸は、金属さえとかすほどの強い酸性なんだよ。胃の表面に粘膜があるから、胃そのものがとけないんだね。

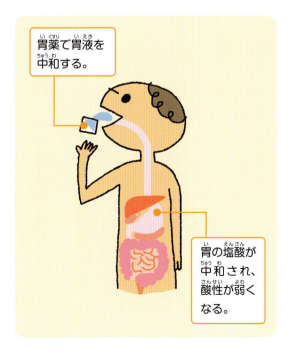

胃薬で胃液を中和する。

胃の塩酸が中和され、酸性が弱くなる。

酸性のものとアルカリ性のものが、おたがいの性質を打ち消し合うことを中和というよ。

電気をつくる

電池は大きく化学電池と物理電池に分けられます。物理電池は電卓についている太陽電池のように、化学変化によらず光エネルギーを直接、電気エネルギーに変えています。化学電池は、化学変化によって、物質がもっているエネルギーを電気エネルギーにして取り出しています。

ボルタ電池

現在使われている化学電池の原型は、電気を流せる溶液にことなる2種類の金属がささっているというものでした。これを、「ボルタ電池」といいます。ボルタ電池は、硫酸の水溶液（電解液）に亜鉛と銅の板を差しこんだものです。金属には、電子 15ページ を放出する力の強いものと弱いものがあり、強いものから弱いものに向かって電子が移動します。ボルタ電池の場合は、亜鉛から電子が放出され、そのときに電気が発生するというしくみです。

> 電子が移動することが、電流が流れるということだよ。
> ボルタ電池のほか、ダニエル電池など、昔の電池は液体を使っていたから、液がこぼれたり、冬場は凍ったりする問題があり、手入れが大変だったんだ。

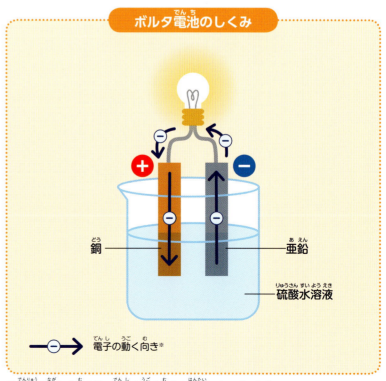

ボルタ電池のしくみ

銅 ／ 亜鉛 ／ 硫酸水溶液

⊖→ 電子の動く向き※

※電流が流れる向きは、電子の動く向きと反対になっています。

乾電池

　ボルタ電池やダニエル電池より後に、液体を固めて持ち運べるように発明されたのが、「乾電池」です。それまでの液体がこぼれる電池に対して、まわりがかわいた電池という意味から、乾電池という名前がついています。しかし、乾電池は完全に乾燥しているわけではなく、液体をしみこませたものを容器で密閉することで、液体が外にもれずに、時計などの機械にも使えるようくふうされています。

　乾電池にはさまざまな種類がありますが、歴史が古く、世界で一番多く使われている電池がマンガン乾電池です。少し休ませるとパワーが回復するので、懐中電灯や小さな電力で動く置時計などに向いています。

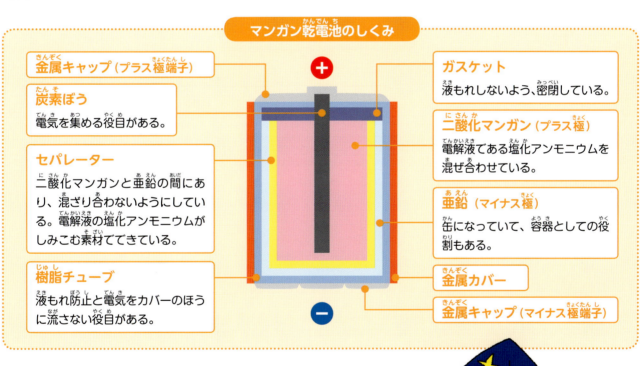

マンガン乾電池のしくみ

- **金属キャップ（プラス極端子）**
- **炭素ぼう**　電気を集める役目がある。
- **セパレーター**　二酸化マンガンと亜鉛の間にあり、混ざり合わないようにしている。電解液の塩化アンモニウムがしみこむ素材でできている。
- **樹脂チューブ**　液もれ防止と電気をカバーのほうに流さない役目がある。
- **ガスケット**　液もれしないよう、密閉している。
- **二酸化マンガン（プラス極）**　電解液である塩化アンモニウムを混ぜ合わせている。
- **亜鉛（マイナス極）**　缶になっていて、容器としての役割もある。
- **金属カバー**
- **金属キャップ（マイナス極端子）**

乾電池は世界各地で開発されていたのよ。第一号は日本人の屋井先蔵（1863〜1927年）とされているわ。

第2章　身のまわりにある化学変化を調べてみよう

社会で使われる化学変化

化学変化を利用したものづくりは、社会のあらゆる場所で行われています。なかには、化学変化の知識もない大昔からそのしくみを利用して、知らず知らずのうちに、物をつくったり加工したりしているものもあります。

染める

服やタオル、カーテンなどに使われる布の繊維を色で染めるときにも、化学変化が使われています。繊維を染めるということ（染色）は、ただ繊維に色がつくだけではありません。一度染められた繊維は、水につけても色が落ちなくなります。

染色

染色は色をつける染料や、染める繊維の種類によって、さまざまな方法がありますが、一般的には次のような手順で行います。

①染料を水や溶液にとかす　②染料と繊維をつなぎ合わせる　③染料と水を引きはなす

たとえば、①の過程で水にとけにくい染料を使う場合は、ほかの物質を加えてとけやすくしたり、②の過程で繊維とつながりにくい染料を使う場合は、つなぎやすくする物質を入れたりなど、化学的なくふうをすることで、さまざまな染色をすることができるのです。

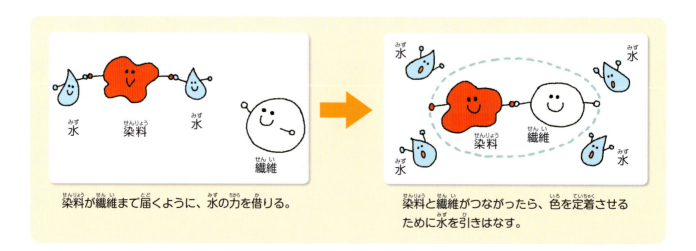

染料が繊維まで届くように、水の力を借りる。

染料と繊維がつながったら、色を定着させるために水を引きはなす。

紅花染め

紅花の花弁（花びら）にふくまれるカルタミンという紅色の色素を使った染色方法があります。カルタミンがアルカリ性の溶液にとけやすい性質と、酸とアルカリの中和を利用します。まず、紅花の花弁を炭酸カリウムなどのアルカリ溶液に入れると、カルタミンがとけ出します。次に、クエン酸などの酸を加えて中和させると、溶液がアルカリ性ではなくなるので、カルタミンが水にとけにくくなります。そこへ染めたい布を入れると、カルタミンが布に吸着されて染色されるのです。

昔はアルカリとしてわら灰、酸として梅酢を使って中和させて染めていたそうだよ。

藍染め

藍染めは、藍という、青色の染料をもつ植物で染める染色方法です。化学的には、インジゴという色素の成分によって染めます。インジゴは水にとけないので、まず菌によって水にとけるロイコインジゴという無色の物質に変化させます（還元）。ロイコインジゴを水にとかして繊維に吸着させたところで酸素にふれさせると、ふたたび藍色のインジゴに変化します（酸化）。

日本では藍染め、アメリカではジーンズで知られているね。昔から世界各地で使われていた染色方法だよ。

金属を取り出す

　自然界での金属の多くは、酸化した状態で鉱石として存在しています。鉱石から金属を取り出すにも、化学変化が利用されています。

鉄

　鉄は、自然界では赤鉄鉱などの酸化鉄の状態で存在し、鉄鉱石として採掘されます。鉄をつくるには、鉄鉱石を高炉（下図）で還元します。高炉の中に、鉄鉱石とともにコークスという石炭を蒸し焼きにしたものを入れ、下から熱風を送りこみます。コークスの主成分は炭素で、熱することで一酸化炭素がつくられます。鉄鉱石にふくまれる酸化鉄はコークスや、コークスを熱してできた一酸化炭素によって酸素をうばわれ、還元されます。酸化鉄は還元されると鉄となって、高炉の下から流れ出るしくみです。

化学反応式　酸化鉄（赤鉄鉱）の還元

$$Fe_2O_3 + 3CO \rightarrow 2Fe + 3CO_2$$

（酸化鉄 ＋ 一酸化炭素 → 鉄 ＋ 二酸化炭素）

　このとき流れ出る鉄を銑鉄といい、炭素などの不純物が多くふくまれています。銑鉄は粘りがなくもろいため、別の場所で銑鉄に酸素をふきつけ、不純物をできるだけ取り除き、粘りのある鋼をつくります。

炭素量が多い鉄を「銑鉄」、炭素量を少なくした鉄を「鋼」、さらに炭素量を少なくした鉄を「鉄」とよぶよ。

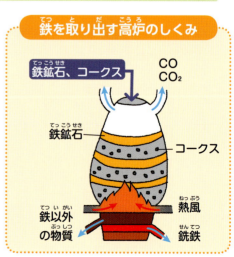

鉄を取り出す高炉のしくみ

アルミニウム

ボーキサイト

　アルミニウムは、ギブス石やベーム石などのいろいろな鉱物がふくまれる、ボーキサイトという鉱石から取り出すことができます。

　まず、ボーキサイトから酸化アルミニウムを取り出します。次に、酸化アルミニウムから酸素をうばいます（還元）が、酸化アルミニウムはアルミニウムと酸素がとても強く結びついているため、簡単に還元することができません。氷晶石を加えて酸化アルミニウムの融点※を下げてから約1000度でとかし、とかした液体を電気分解することで還元し、アルミニウムを取り出すことができます。

※融点とは、固体がとけて液体になる温度のこと。

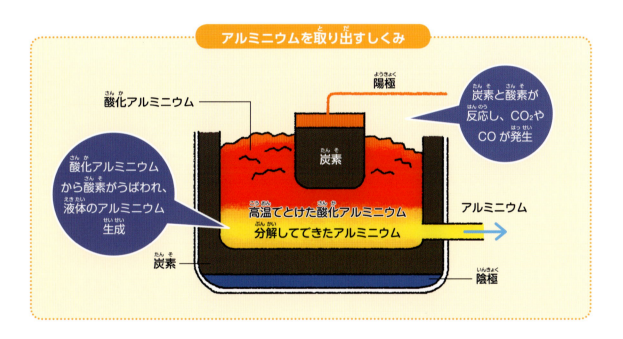

アルミニウムを取り出すしくみ

- 陽極
- 酸化アルミニウム
- 炭素と酸素が反応し、CO_2やCOが発生
- 酸化アルミニウムから酸素がうばわれ、液体のアルミニウム生成
- 炭素
- 高温でとけた酸化アルミニウム
- 分解してできたアルミニウム
- アルミニウム
- 炭素
- 陰極

ボーキサイトからアルミニウムをつくるときに、たくさんの電気を使うんだ。アルミ缶などをリサイクルすると、エネルギーの節約になるんだよ。

酸化アルミニウムは、還元されにくく、融点も高いので、変化しにくく、安定した物質だとも考えられるね。

第2章　身のまわりにある化学変化を調べてみよう

美容院では髪の色を変えたり、パーマをかけたりできます。これは化学変化を利用したものです。髪は3層構造になっていて、その一部に化学的な作用を起こしているのです。

髪の構造

- キューティクル：髪の表面にある保護膜のような組織。
- メデュラ：髪の中心にある組織。
- コルテックス：髪の90パーセントをしめる内部の組織。

髪の中にはケラチンというタンパク質がふくまれていて、その中に最も多くあるシスチンというアミノ酸に化学変化を起こして、パーマをかけることができます。シスチンは、シスチン結合という結合でできていて、この結合は切りはなしたりくっつけたりすることができます。

パーマはほとんどの場合、パーマ液1剤とパーマ液2剤の組み合わせで行われます。1剤でシスチン結合を切りはなし、髪を巻いたり、まっすぐにしたりして形を決めてから、2剤でふたたびくっつけます。そうすることで、髪の形を変えることができるのです。

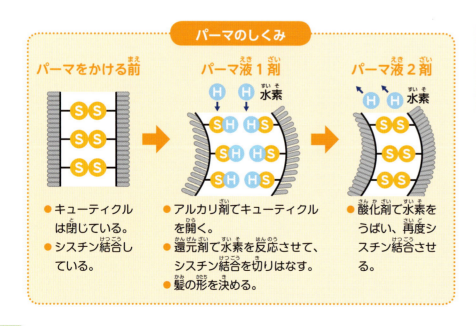

パーマのしくみ

パーマをかける前
- キューティクルは閉じている。
- シスチン結合している。

パーマ液1剤
- アルカリ剤でキューティクルを開く。
- 還元剤で水素を反応させて、シスチン結合を切りはなす。
- 髪の形を決める。

パーマ液2剤
- 酸化剤で水素をうばい、再度シスチン結合させる。

美容師さんは化学変化も考えながらパーマをかけているのね。シスチン結合以外も切りはなしているよ。

ヘアカラー

髪を染めるときにもやはり、化学変化が利用されています。表面だけを染める方法と、髪に色を定着させる方法があり、色を定着させる方法では、次のような化学変化を起こしています。

ヘアカラーのしくみ

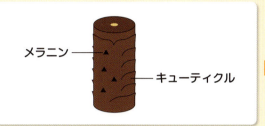

ヘアカラーする前の髪の状態
コルテックスの中にメラニンという色素があり、メラニンの種類や量で髪の黒さが決まっている。

染料とアルカリ剤、過酸化水素水を混ぜて髪にぬる
アルカリ剤が髪の表面のキューティクルを開き、染料が中に入りこむ。

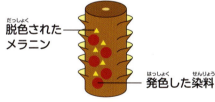

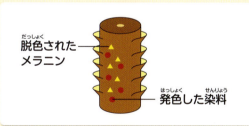

染料が大きくなり、髪の内部に定着する
発色した染料は次々につながり合って巨大な分子になることによって、髪の内部に閉じこめられる。

メラニンが脱色され、染料が発色する
過酸化水素水がアルカリ剤と反応して酸素が発生する。発生した酸素はメラニンから色素をぬき、染料を発色する効果がある。

> 髪の内部まで入ってメラニンから色素をぬく方法は、色がよく定着する反面、髪の表面のキューティクルを開くので、髪へのダメージもあるよ。キューティクルを開かず、髪の表面だけで反応させる方法だと、髪のダメージは少ないけど、色素が内側まで浸透しないので、色が落ちやすいよ。

フィルムカメラで写真を撮るとき、フィルムに風景や人物を記録したり、フィルムから紙（印画紙）に画像を焼きつけたりするために、化学変化を使っています。

白黒のフィルム写真

カメラのフィルムには、臭化銀や塩化銀が使われています。臭化銀や塩化銀は、光が当たると分解されて、銀を生成する性質をもっています。とくに臭化銀はその性質が強く、光に当てると銀と臭素に分解されるので、カメラのフィルムによく使われます。カメラで被写体を撮って、紙の写真ができるまで、次の①〜③のような化学変化が起きます。

①カメラのレンズを通して入ってくる光によって、フィルム面に像ができます。光が当たった部分の臭化銀は、分解されて銀と臭素になります。光が多い部分は銀がたくさんできます。光が少ない部分は臭化銀が残っています。臭化銀が分解してできた銀によって、フィルムには見えない被写体の像が残ります。

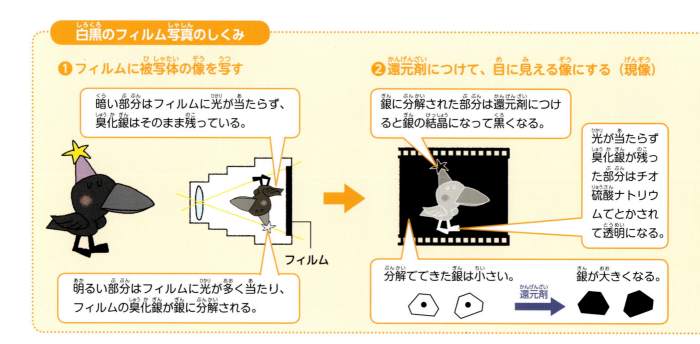

白黒のフィルム写真のしくみ

❶ フィルムに被写体の像を写す

暗い部分はフィルムに光が当たらず、臭化銀はそのまま残っている。

明るい部分はフィルムに光が多く当たり、フィルムの臭化銀が銀に分解される。

❷ 還元剤につけて、目に見える像にする（現像）

銀に分解された部分は還元剤につけると銀の結晶になって黒くなる。

光が当たらず臭化銀が残った部分はチオ硫酸ナトリウムでとかされて透明になる。

分解でできた銀は小さい。　還元剤　銀が大きくなる。

②フィルムに残った見えない像を、目に見える白黒の像にします（現像）。フィルムを還元剤につけると、光によって臭化銀が銀に分解された部分は銀が大きな結晶になり、黒くなります。

還元剤につけた後、チオ硫酸ナトリウムにつけて、光が当たらず残っていた臭化銀をとかします。水で洗ってかわかせば、光が当たった部分は黒く、光が当たらなかった部分は透明になります。フィルムは、実物とは明暗が反転し、実物の明るいところは黒っぽく、実物の暗いところは白っぽくなります。この状態をネガといいます。

③印画紙に像を焼きつけます。臭化銀がぬられた紙（印画紙）にネガを通して光を当てると、カメラの中でフィルムに起こった変化と同じように臭化銀が分解されます。②と同じ手順で臭化銀を洗い流すと、印画紙に像ができます。これが、ふだん目にする写真です。

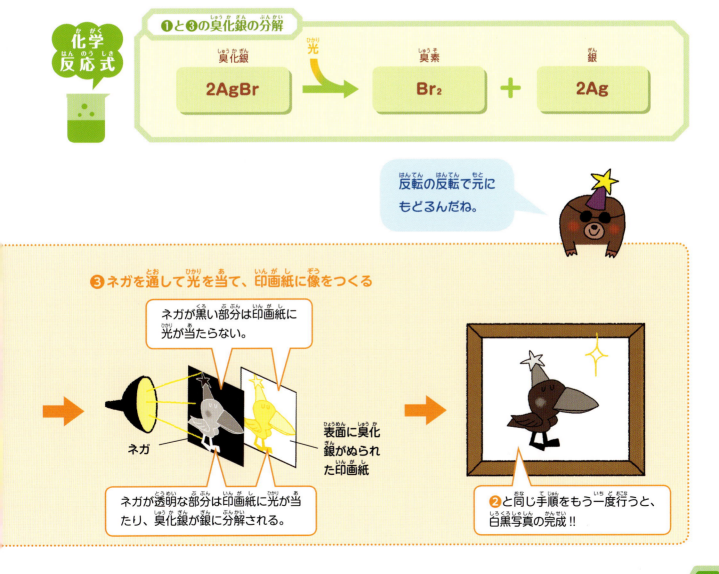

化学反応式 ①と③の臭化銀の分解

臭化銀 $2AgBr$ —光→ 臭素 Br_2 ＋ 銀 $2Ag$

反転の反転で元にもどるんだね。

③ネガを通して光を当て、印画紙に像をつくる

ネガが黒い部分は印画紙に光が当たらない。

ネガ／表面に臭化銀がぬられた印画紙

ネガが透明な部分は印画紙に光が当たり、臭化銀が銀に分解される。

②と同じ手順をもう一度行うと、白黒写真の完成!!

発酵する

　アルコール飲料やみそ、しょうゆ、漬物、ヨーグルトなどの発酵食品は、物質が微生物のはたらきによって化学変化したものです。変化してできたものが、人にとって都合のよい場合に「発酵」、都合の悪い場合に「腐敗」といいます。

ワイン

　ワインはブドウを発酵させてつくられます。酵母という微生物を発酵に使っています。酵母は糖（ブドウ糖）をえさとして取りこみ、エタノールと二酸化炭素に変化させながら、分裂、成長していきます。

　生成されるエタノールは、ワインなどアルコール飲料の主成分です。ブドウは皮に酵母がついていること、多くの糖をふくんでいることから、発酵には最適のくだものです。ブドウをくだいてブドウジュースにして保存するだけで発酵し、ワインをつくることができます[※]。

※ 日本では目的や条件によって、酒の製造を許可なく行うことは禁止されています。

化学反応式：酵母による糖の分解

ブドウ糖　　　　　エタノール　　　二酸化炭素

$$C_6H_{12}O_6 \rightarrow 2C_2H_5OH + 2CO_2$$

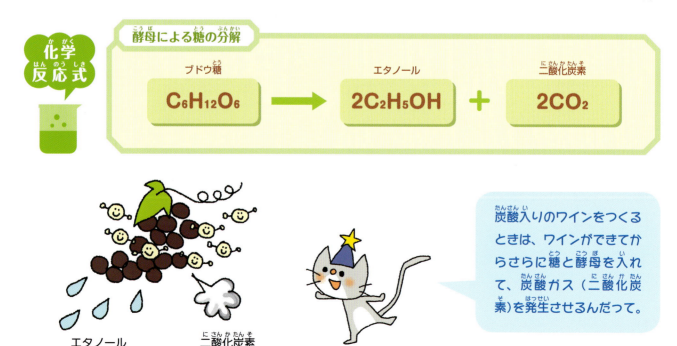

炭酸入りのワインをつくるときは、ワインができてからさらに糖と酵母を入れて、炭酸ガス（二酸化炭素）を発生させるんだって。

ヨーグルト

　ヨーグルトは生乳を乳酸菌で発酵させることによってつくられます。乳酸菌は、糖を分解して、乳酸をつくり出します。生乳にふくまれるカゼインというタンパク質は、酸によって固まる性質があります。そのため、カゼインが乳酸によって固められて、ヨーグルトができます。乳酸菌による発酵を乳酸発酵といいます。

$$C_6H_{12}O_6 \longrightarrow 2CH_3CH(OH)COOH$$

発酵食品

　食品は発酵することによって、香りやうま味が増したり、栄養成分が生まれたり、保存性が高まったりします。発酵に使う微生物には、酵母や乳酸菌のほかに、酢酸菌、麹菌、納豆菌などがあり、複数の微生物を使って発酵させることもあります。

酵母	乳酸菌	酢酸菌	麹菌	納豆菌

植物を育てる

　植物は、水と二酸化炭素を原料とし、光のエネルギーを利用してデンプンなどをつくり成長しますが、水と二酸化炭素だけでは成長できません。植物が育つためには、窒素やリン、カリウムなども必要です。

肥料の3要素

　窒素、リン、カリウムは、植物が育つために必要な肥料の3要素です。窒素は植物を大きく成長させる養分で、とくに葉を大きくする作用があります。リンは植物が実をつけることに影響する作用があり、カリウムは根を育てる作用があります。

　ふつう、植物はこれらの成分を土から吸収しますが、人口が増え、計画的な作物の生産が必要な現在、土にふくまれる養分だけでは足りないので、人工的に化学肥料をつくって植物にあたえています。

植物に必要なおもな原子

葉 / 窒素
果実 / リン
根 / カリウム

植物の成長には、炭素や酸素、水素も必要だけど、これらは空気や水から得られるのであたえる必要はないよ。窒素は空気中にたくさんあるけど、そのままでは吸収できないんだ。窒素化合物の状態であたえる必要があるよ。

アンモニア

　植物に必要な窒素肥料の原料となるのが、アンモニアです。昔はふん尿を肥料としていましたが、今は窒素と水素を直接反応させてアンモニアを合成しています。これは、1913年にフリッツ・ハーバーとカール・ボッシュという二人のドイツ人が開発した方法で、ハーバー・ボッシュ法と名づけられています。この方法は、400～600度の温度と200～1000気圧の圧力という難しい条件が必要ですが、窒素肥料の原料となるアンモニアを人工的につくれるようになったことで、農作物の収穫量は飛躍的に増えました。

化学反応式

アンモニアの合成

窒素　　　　　水素　　　　　アンモニア

$$N_2 + 3H_2 \rightarrow 2NH_3$$

アジサイの色

　アジサイの色には、赤や青、むらさき、藍色などがあります。種類による色のちがいもありますが、アントシアニンという色素の性質も色のちがいに影響をあたえています。アントシアニンは酸性の土では青、アルカリ性の土では赤に変化します。酸性の土では、土の中のアルミニウムがとけて根から吸収され、色素と反応して青色が発色します。アルカリ性の土では、アルミニウムがとけないので、赤色が発色するのです。日本の土は酸性であることが多いため、日本古来のアジサイは青色をしています。ヨーロッパはアルカリ性の土が多いため、赤色のアジサイが多く生育しています。

繊維をつくる

　服などの衣類の素材は、昔は、植物から得られる繊維や動物の皮や毛などが一般的でしたが、現在では石油から化学的につくられた繊維が広く使われています。

合成繊維

　石油を原料として化学的につくられる繊維を合成繊維、木材から得られるパルプを化学的に処理しているレーヨンなどを再生繊維、パルプを主原料とし、酢酸を反応させてつくられるアセテートなどを半合成繊維といいます。これらはまとめて化学繊維とよばれています。

　合成繊維の原料である石油は、炭化水素を主成分とした混合物で、工業的には、ナフサ、灯油、軽油、重油、アスファルトなどに分けて使われます。ポリエステル繊維は合成繊維の一つで、ナフサの中にふくまれるキシレンとエチレンを原料としたポリエチレンテレフタラート（PET）からつくられています。

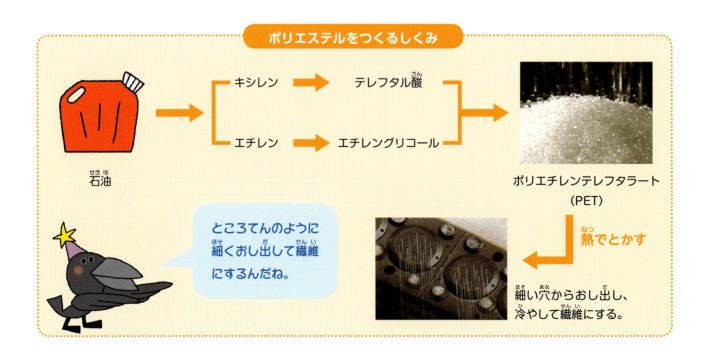

ポリエステルをつくるしくみ

石油 → キシレン → テレフタル酸／エチレン → エチレングリコール → ポリエチレンテレフタラート（PET）

熱でとかす

細い穴からおし出し、冷やして繊維にする。

ところてんのように細くおし出して繊維にするんだね。

プラスチックとポリエステル

　繊維として使われるポリエステルと、ペットボトルなどに使われるプラスチックは、ポリエチレンテレフタラート（PET）という同じ分子でできています。しかし、2つの性質はことなります。繊維のほうが引っ張ったときの強度が強く、温めたときに軟らかくなる温度も高いのです。これは、分子の集合としての構造がことなるためです。ペットボトルの分子はバラバラと集まっただけですが、繊維の分子は同じ方向に規則正しく並んでいます。そのため、引っ張られたときや温められたときに、簡単には分子が切りはなされなくなっているのです。

分子が同じだから、ペットボトルをリサイクルして服をつくることができるんだね。

500mLのペットボトル5本からワイシャツが1枚つくれるわ。

進化する繊維

　合成繊維がつくられ始めてから、繊維は進化し続けています。より強い合成繊維として発明されたナイロンは、今でも衣料品や釣り糸、エアバッグなどのさまざまな製品に使われていますが、現在では、さらに強い繊維が開発され、安全防護服などで使われています。また、アイロンをかけなくても元の状態にもどる形状記憶シャツや、汗の臭いを消してくれる防臭シャツなど、さまざまな需要にこたえる商品が開発されています。

大自然で起こる化学変化

原子の循環

化学変化は自然のいたるところで起こっています。小さな分子の変化は人間の目には見えないことが多いですが、動物、植物など地球のあらゆる物質は変化し、原子が循環しています。

地球上の原子は、空気中や動物の体、植物の体、海や大地を循環しながら、ずっと地球上に存在し続けていて、その間、化学変化をくり返しています。

光合成

植物は空気中の二酸化炭素にふくまれる炭素を使って、成長するための栄養分を葉緑体といわれる器官でつくっています。植物が光のエネルギーを利用して、二酸化炭素と水からブドウ糖やデンプン、酸素をつくることを光合成といいます。

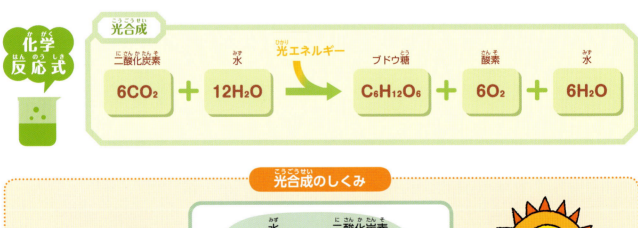

化学反応式 — 光合成

$$6CO_2 + 12H_2O \longrightarrow C_6H_{12}O_6 + 6O_2 + 6H_2O$$

二酸化炭素 + 水 → ブドウ糖 + 酸素 + 水（光エネルギー）

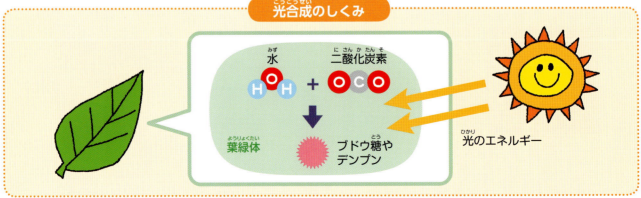

光合成のしくみ：水 + 二酸化炭素 → ブドウ糖やデンプン（葉緑体、光のエネルギー）

呼吸

　動物や植物は、酸素を吸って二酸化炭素を吐き出す呼吸をいつもしていて、空気中の酸素と栄養分を反応させ、活動するためのエネルギーをつくっています。呼吸は、植物の光合成とは逆の変化をしています。

化学反応式

呼吸

ブドウ糖 + 酸素 + 水 → エネルギー + 二酸化炭素 + 水

$$C_6H_{12}O_6 + 6O_2 + 6H_2O \rightarrow 6CO_2 + 12H_2O$$

植物は光合成も呼吸もどちらもするんだね。

光エネルギーが活動のためのエネルギーに変化したとも考えられるね。

炭素の循環

　炭素は光合成や呼吸のほかに、植物や動物の分解、燃焼などによって、空気中や大地に放出されて、地球上を循環しています。環境問題で取り上げられる、二酸化炭素の増加の問題は、この循環のバランスがくずれることによって起こっています。

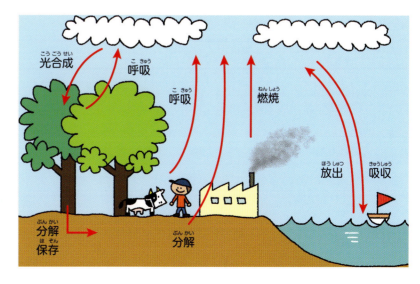

第2章　身のまわりにある化学変化を調べてみよう

　化学変化によって、地形が変わることがあります。その一つが鍾乳洞です。鍾乳洞は、分子という小さな世界での変化が、数千年から数億年という長い時間をかけて起こり、大きな変化になったものです。

　鍾乳洞は、地殻変動や化学変化によって、長い時間をかけてつくられたものです。

岩に大きな穴があいて洞くつができているね。どうやってけずったんだろう。

　鍾乳洞は、石灰岩でできている土地につくられます。石灰岩は炭酸カルシウムでできた岩石です。大昔、サンゴなどの炭酸カルシウムが海の中に堆積したものが、地殻変動で隆起したことによってできました。

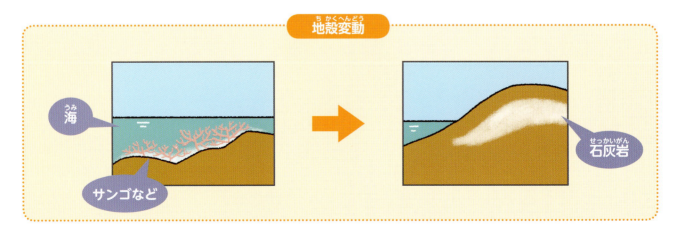

雨は空気中の二酸化炭素をとかして酸性になります。酸性の雨が石灰岩の土地に降ると、石灰岩の主成分である炭酸カルシウムと反応し、炭酸水素カルシウムになります。炭酸水素カルシウムは水にとけるので、水にとけ出して流れます。

土の中の空気には、バクテリアが有機物を分解する際に放出したたくさんの二酸化炭素があるので、土を通った雨はより酸性になり、石灰岩はよりとけやすくなります。また、石灰岩がとけて空洞が広がると、水に流れができ、砂や砂利がいっしょに流れていくので、その砂や砂利によって、さらに空洞は広がります。

大きな空洞ができた状態で、地殻変動が起こってさらに土地が隆起すると、地下水が流れていたところに洞くつができます。鍾乳洞の中の、つららのような石は、炭酸水素カルシウムがとけた水が石灰岩から洞くつ内にしみ出るときに、岩の圧力から放たれたことで二酸化炭素を放出し、炭酸カルシウムになって堆積してできています。

化学反応式

炭酸カルシウムの堆積

炭酸カルシウム　　二酸化炭素　　水

$$CaCO_3 + CO_2 + H_2O$$

（水にとけない）

⇅

炭酸水素カルシウム

$$Ca(HCO_3)_2$$

（水にとける）

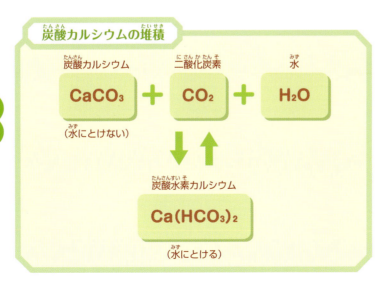

地殻変動と化学変化でつくられた地形なんだね。世界には、長さが数百キロメートルもある鍾乳洞があるんだって。

第2章　身のまわりにある化学変化を調べてみよう

生き物が光る

　生き物は、敵から身を守ったり、子孫を残したりするためにさまざまな能力を身につけています。なかには、化学変化を利用して光る生き物がいます。

ホタル

メス　オス　発光器

　ホタルには多くの種類がいますが、すべてのホタルが光るわけではありません。日本で見られるホタルではゲンジボタルやヘイケボタルなどが光る種類のホタルで、とくにゲンジボタルは大きく明るい光を出します。ホタルが光るのは、求愛のため、刺激されたため、敵をおどろかせるためだといわれています。

　では、どのようにして光っているのでしょうか。ホタルのお尻の近くには発光器があり、ルシフェリンという発光する物質とルシフェラーゼという発光を助ける物質がふくまれています。これらと体内の酸素が反応して光を出します。

　化学変化には、燃焼のように、熱を出して光るものもありますが、ホタルの光は熱をともないません。ルシフェリンが酸素と反応して二酸化炭素を出すと、ルシフェリンは高いエネルギーをもった状態になります。しかし、物質には安定したエネルギー状態というものがあり、エネルギーをもちすぎたときはそのエネルギーを光として放出します。ホタルはこのしくみを利用しているのです。

ホタルに光ってほしいときは、軽く息をふきかけてみよう。刺激で光るよ。多くのホタルが黄緑色に光るけど、黄色やオレンジに光るホタルもいるよ。

東日本のゲンジボタルは4秒に1回、西日本のゲンジボタルは2秒に1回光るそうだよ。地域によってちがうなんて、方言みたいだね。

ホタルイカ

　ホタルと同じしくみで光るのが、ホタルイカやウミホタルです。ホタルイカは、腹側の発光器を光らせて、太陽の光によって海中にできる自分のかげを消したり、うでの発光器を光らせておとりにしたりすることで、自分の身を守っています。

ホタルイカ

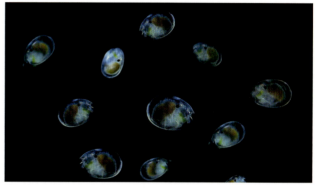

ウミホタル

> ウミホタルの発光物質は、ウミホタルルシフェリン、ウミホタルルシフェラーゼとよばれているよ。ホタルとはちがう物質なんだね。

ケミカルライト

　熱を出さない発光に「ケミカルライト」があります。ホタルの発光と同じように、もちすぎたエネルギーを光として放出することで光る照明です。折ると光り始めるので、お祭りやコンサート、災害時などに利用されます。折ると光るのは、シュウ酸ジフェニルと過酸化水素が別々に入っていて、液の入った中の容器を割ると、2液が混ざって反応し、光を放つためです。

さくいん

あ

- 藍染め …………………………… 43
- アジサイ ………………………… 53
- イオン性物質 …………………… 14
- 胃薬 ……………………………… 39
- 一円玉 …………………………… 23
- ウミホタル ……………………… 61
- 駅弁 ……………………………… 27
- エネルギー ……………………… 26
- 炎色反応 ………………………… 25

か

- 界面活性剤 ……………………… 30
- カイロ …………………………… 26
- 化学エネルギー ………………… 29
- 化学式 …………………………… 12
- 化学反応式 ……………………… 18
- 化学変化 ………………………… 16
- 化合 ……………………………… 17
- 化合物 ………………… 9、13、17
- 髪 ………………………………… 46
- 簡易冷却パック ………………… 28
- 還元 ……………………………… 17
- 乾燥剤 …………………………… 27
- 乾電池 …………………………… 41
- 吸熱反応 …………………… 28、29
- 金属 ……………………………… 14
- ケミカルライト ………………… 61
- 原子 ……………………………… 8
- 光合成 …………………………… 56
- 合成繊維 ………………………… 54
- 酵素 ……………………………… 38
- 高分子 …………………………… 33
- 高炉 ……………………………… 44
- 呼吸 ……………………………… 57

さ

- さび……………………………22
- 酸化……………………………17
- 酸化物…………………………17
- 質量保存の法則………………19
- 十円玉…………………………22
- 周期表…………………………10
- 消化……………………………38
- 消火剤…………………………34
- 状態変化………………………20
- 鍾乳洞…………………………58
- 植物……………………………52
- ステンレス……………………23
- 炭………………………………24
- 接着剤…………………………32
- 繊維……………………………54
- 洗剤……………………………30
- 染色……………………………42

た

- 単体…………………………… 9
- 電子……………………………15
- 電池……………………………40

な

- 入浴剤…………………………37
- 燃焼………………………17、24

は

- パーマ…………………………46
- 発酵……………………………50
- 発熱反応………………… 26、29
- 花火……………………………25
- フィルム写真…………………48
- 不完全燃焼……………………25
- 物理変化………………………20
- 分解……………………………16
- 分子…………………………… 9
- 分子性物質……………………14
- ヘアカラー……………………47
- ベーキングパウダー…………36
- 紅花染め………………………43
- ボーキサイト…………………45
- ホタル…………………………60
- ホタルイカ……………………61
- ボルタ電池……………………40

ま

- メンデレーエフ………………11

監修者紹介 小森 栄治（こもり えいじ）

1956年、埼玉県生まれ。1980年、東京大学大学院工学系研究科修士課程修了。1987年、上越教育大学大学院教育研究科修士課程修了（埼玉県長期派遣研修）。1980年4月～2008年3月、埼玉県内の公立中学校に勤務。「理科は感動だ」をモットーに、ユニークな理科室経営と理科授業を行った。文部科学省、県立教育センター、民間教育研究団体などの委員、講師をつとめる。2008年4月、理科教育コンサルタント業を開始。現在、埼玉大学で理科指導法を担当するほか、保育園での科学遊び講座、教師向け理科セミナーなどを開催し、理科の楽しさを幅広く全国に伝えている。主な著書に、『考え、まとめ、発表する かんたん実験理科のタネ』全3巻、『かがくのとびら』全4巻、『考える力 理科』全4巻（以上、光村教育図書）、『子どもが理科に夢中になる授業』（学芸みらい社）などがある。フェイスブック「日本理科教育支援センター」にて情報発信中。

構成・編集・執筆 株式会社 どりむ社

一般書籍や教育図書、絵本などの企画・編集・出版、作文通信教育『ブンブンどりむ』を行う。絵本『どのくま？』『ビズの女王さま』、単行本『楽勝！ ミラクル作文術』『いますぐ書けちゃう作文力』などを出版。『小学生のことわざ絵事典』『1年生の作文』『3・4年生の読解力』『小学生の「都道府県」学習事典』（以上、PHP研究所）などの単行本も編集・制作。

イラスト たはら ともみ

写真提供・協力者一覧

魚津水族館、白浜フラワーパーク、日本化学繊維協会

主な参考文献

『大人のやりなおし中学化学』（ソフトバンク クリエイティブ株式会社）
『本当はおもしろい化学反応』（SBクリエイティブ株式会社）
『図解・化学「超」入門』（SBクリエイティブ株式会社）

化学変化のひみつ
身近なふしぎが原子でわかる

2016年11月21日　第1版第1刷発行

監修者　小森栄治
発行者　山崎　至
発行所　株式会社PHP研究所
　　　　東京本部　〒135-8137　江東区豊洲5-6-52
　　　　　　　　　児童書局　出版部　☎03-3520-9635（編集）
　　　　　　　　　　　　　　普及部　☎03-3520-9634（販売）
　　　　京都本部　〒601-8411　京都市南区西九条北ノ内町11
　　　　　　　PHP INTERFACE　http://www.php.co.jp/
印刷所　共同印刷株式会社
製本所　東京美術紙工協業組合

©PHP Institute, Inc. 2016 Printed in Japan　ISBN978-4-569-78599-8

※本書の無断複製（コピー・スキャン・デジタル化等）は著作権法で認められた場合を除き、禁じられています。また、本書を代行業者等に依頼してスキャンやデジタル化することは、いかなる場合でも認められておりません。
※落丁・乱丁本の場合は弊社制作管理部（☎03-3520-9626）へご連絡下さい。送料弊社負担にてお取り替えいたします。

63P　29cm　NDC431

ホットケーキがふくらむ

発酵(はっこう)する

使い捨(つか す)てカイロ

白黒(しろ くろ)のフィルム写真(しゃ しん)

胃薬(い ぐすり)

冷却(れい きゃく)パック

混(ま)ぜるな危険(き けん)

パーマをかける